客厅装修新风格1500例

舒适简约风

锐扬图书 编

海峡出版发行集团 | 福建科学技术出版社
THE STRAITS PUBLISHING & DISTRIBUTING GROUP | FUJIAN SCIENCE & TECHNOLOGY PUBLISHING HOUSE

U0171545

图书在版编目（CIP）数据

客厅装修新风格1500例. 舒适简约风 / 锐扬图书编.
—福州：福建科学技术出版社，2020.6
ISBN 978-7-5335-6120-8

Ⅰ.①客… Ⅱ.①锐… Ⅲ.①住宅–客厅–室内装饰
设计–图集 Ⅳ.①TU241-64

中国版本图书馆CIP数据核字（2020）第046295号

书　　名	客厅装修新风格1500例　舒适简约风	
编　　者	锐扬图书	
出版发行	福建科学技术出版社	
社　　址	福州市东水路76号（邮编350001）	
网　　址	www.fjstp.com	
经　　销	福建新华发行（集团）有限责任公司	
印　　刷	福建彩色印刷有限公司	
开　　本	889毫米×1194毫米　1/16	
印　　张	7	
图　　文	112码	
版　　次	2020年6月第1版	
印　　次	2020年6月第1次印刷	
书　　号	ISBN 978-7-5335-6120-8	
定　　价	39.80元	

书中如有印装质量问题，可直接向本社调换

云纹大理石

客厅装饰亮点

①电视墙规划出一个用于收纳的壁龛，放置一些常看的书籍或心爱的工艺摆件，都是不错的选择。

②云纹大理石装饰的沙发墙，清晰且精致的纹理，丰富了空间的整体视感。

对经典案例的全方位解读，方便借鉴与参考

客厅装饰亮点

①高级灰在现代居室中十分常见，轻松打造出高级感与时尚感。

②简约的装饰画，不论什么样的题材，都能给客厅增添无限的艺术感。

肌理壁纸

特色材质的标注

米色人造大理石

中花白大理石

· 02

好适简约风 ||||||||

客厅材料课堂

特色实用贴士，分类明确，查阅方便

无缝饰面板

无缝饰面板具有很好的整体感，在视觉上给人连贯的感觉，常用于墙面装饰。可以适当搭配一些富有创意的装饰画来增强美感，也可以选用拓缝的工艺来丰富墙面的设计，让电视墙更显别致。

无缝饰面板是合成板材，在选购时一定要选择甲醛释放量低的。可以用鼻子闻一下，气味越大，则说明甲醛释放量越高。最保险的做法是购买有明确厂名、厂址、商标的产品，并向商家索取检测报告和质量检验合格证书等文件。

第1章

舒·适·简·约·风

材料篇

全书分为材料、色彩、软装三个章节，按需查阅，提高效率

装饰硬包

中花白大理石

特色材质、配色方案、软装元素的推荐

浅灰色网纹玻化砖

胡桃木无缝饰面板

Contents
目　录

无缝饰面板

　　无缝饰面板具有很好的整体感，在视觉上给人连贯的感觉，常用于墙面装饰。可以适当搭配一些富有创意的装饰画来增强美感，也可以选用拓缝的工艺来丰富墙面的设计，让电视墙更显别致。

　　无缝饰面板是合成板材，在选购时一定要选择甲醛释放量低的。可以用鼻子闻一下，气味越大，则说明甲醛释放量越高。最保险的做法是购买有明确厂名、厂址、商标的产品，并向商家索取检测报告和质量检验合格证书等文件。

第 1 章

舒·适·简·约·风
材料篇

装饰硬包

中花白大理石

浅灰色网纹玻化砖

胡桃木无缝饰面板

云纹大理石

客厅装饰亮点

①电视墙规划出一个用于收纳的壁龛，放置一些常看的书籍或是心爱的工艺摆件，都是不错的选择。

②云纹大理石装饰的沙发墙，清晰且精致的纹理，丰富了空间的整体视感。

肌理壁纸

客厅装饰亮点

①高级灰在现代居室中十分常见，轻松打造出高级感与时尚感。

②简约的装饰画，不论什么样的题材，都能给客厅增添无限的艺术感。

米色人造大理石

中花白大理石

浅啡网纹玻化砖

客厅装饰亮点

①棕色调作为主题色,能给人带来一种充满理性的美感。

②家具的造型简洁大方,选材以金属、合成板材、皮革为主,线条感十足。

客厅装饰亮点

①装饰线条以直线为主的现代风格居室给人的第一印象是简约时尚。

②电视墙黑色线条的运用,打破了浅色墙面的单调感。

③木色、浅灰色、浅米色的搭配,呈现出舒适简约的视觉效果。

混纺地毯

客厅装饰亮点

①玻璃赋予整个客厅空间更加通透的视感。

②充满创意的吊灯，科技感十足。

③做旧的皮质沙发与深色木质家具，为客厅呈现后现代的简约美。

有色乳胶漆

客厅装饰亮点

①简约的木纹大理石与素色墙漆作为空间的主要装饰材料，让小客厅看起来更加简洁、通透、时尚。

②沙发墙面的黑框装饰画与沙发及抱枕的色彩形成呼应，打破了空间配色的单调感。

仿木纹人造大理石

白桦木金刚板

混纺地毯

装饰硬包

云纹大理石

客厅装饰亮点

①花环形状的吊灯，时尚华丽，是客厅装饰的点睛之笔。

②棕色调为主题色的客厅，体现了现代居室睿智、理性的美感。

有色乳胶漆

客厅装饰亮点

①木材与镜面的搭配，让设计简约的电视墙更有层次感。

②多个布艺元素的色彩形成互补，为客厅增添了活跃感。

③巨幅装饰画的艺术感不言而喻。

灰色网纹玻化砖

中花白大理石

有色乳胶漆

米白洞石

客厅装饰亮点

①沙发与墙面保持同色系,利用顶面射灯的光线来凸显层次。

②简单的黑镜线条,让客厅的硬装搭配看起来更加有层次感,也体现了装饰的整体美感。

客厅装饰亮点

①以直线条为主要装饰的客厅,给人呈现的视觉感简洁、干练。

②浅色为主题色调的空间,给人轻快、干净、明亮的感觉。

③加长设计的电视柜,满足了更多的储物需求,白色的柜体美观大方。

浅灰色网纹人造大理石

客厅装饰亮点

①充满设计感的吊灯、壁灯，组成了空间的照明系统，暖色灯光映衬出的氛围温馨时尚。

②若客厅的地面选用地砖作为主材，那么地毯是不可或缺的。

混纺地毯

客厅装饰亮点

①利用半通透的烤漆玻璃作为收纳柜的柜门，通透的质感比木门的装饰效果更高级。

②沙发一侧摆放的全皮质躺椅，增添了客厅的休闲感。

中花白大理石

装饰银镜

中花白大理石

白色人造大理石

有色乳胶漆

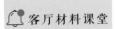

木质花格

　　木质花格基材的选择性比较多，如樱桃木、胡桃木、橡木、榉木等；在颜色的选择上可以根据室内配色来选择；造型一般以简洁、单一为主，并不提倡繁复的雕花设计。由于木质花格不具备承重功能，若要大面积使用，则应尽量选择硬度较大的木种作为基材，仅作为电视墙的装饰使用，不可悬挂电视机等重物。

客厅装饰亮点

①大理石茶几选用了质感通透、色调简洁的白色，弱化了石材的厚重感。

②装饰画为黑白色调，复古的视感打破了沙发与墙面同色的单调感。

③利用绿植为空间增添活力，是性价比很高的做法。

中花白大理石

客厅装饰亮点

①石材在现代风格居室中的运用十分常见，打造出通透、简洁、硬朗的视感。

②以大量石材作为硬装主材的情况下，布艺沙发显得尤为重要，它能够为空间带来不可或缺的暖意与舒适感。

客厅装饰亮点

①沙发墙选用质感斑驳的文化砖作为装饰主材，呈现出后现代的粗犷美。

②电视墙设计成半封闭的收纳柜，承担了整个客厅的收纳功能，丰富的藏品、书籍、花艺等元素点缀其中，为原本硬朗的客厅增添了无限的生活气息。

文化砖

有色乳胶漆

浅橡木饰面板

黄橡木金刚板

白色乳胶漆

灰白色网纹玻化砖

白色乳胶漆

有色乳胶漆

桦木饰面板

爵士白大理石

黑胡桃木饰面板

浅灰白色网纹玻化砖

混纺地毯

爵士白大理石

有色乳胶漆

白色人造大理石

黑色烤漆玻璃

客厅装饰亮点

①烤漆玻璃的庄重感与灰白色石材形成对比，让电视墙的设计更加美观。

②土黄色的抱枕是客厅中最跳跃的色彩，也为空间增添了暖意。

装饰硬包

客厅装饰亮点

①现代灰的硬包让空间呈现的视感十分高级，搭配浅色调的沙发，颜色递进柔和不显突兀。

②地毯的触感柔和，为居室增温不少。

③空间的硬装线条利落，让墙面的视感变得更加丰富。

灰色网纹玻化砖

客厅装饰亮点

①浅棕色为主色的客厅，呈现出一种睿智、理性的高级美感。

②客厅中灯饰的组合运用，在保证空间拥有良好照明系统的同时，柔和的灯光也增添了无限暖意。

客厅装饰亮点

①电视墙整体设计成收纳柜，让客厅看起来更加整洁舒适。

②沙发的设计简约大方，提升了客厅的舒适度。

③黑白色调的装饰画为现代客厅增添了艺术感与时尚感。

水曲柳饰面板

仿岩涂料

浅胡桃木无缝饰面板

客厅装饰亮点

①客厅整体的色调单一，抱枕、小家具等局部采用亮丽色彩进行点缀，起到活跃空间色彩氛围的作用。
②直线条的家具，看着简单，却充满时尚感与艺术感。

胡桃木饰面板

客厅装饰亮点

①胡桃木搭配素色墙漆，简约又有层次。
②绿植点缀出现代客厅的自然韵味。
③采光良好的空间里，白色石材的装饰效果更显通透。

仿木纹玻化砖

中花白大理石

客厅装饰亮点

①棕色、米色为主的客厅，橘红色的点缀，为客厅增添了一份活力。

②抽象装饰画的撞色处理，活跃了整个空间的艺术氛围。

装饰硬包

客厅装饰亮点

①以黑、白、灰为主色的现代客厅，呈现出的视觉效果简洁、大方。

②家具的设计线条以直线条为主，干练又利落。

云纹大理石

肌理壁纸

浅灰色网纹玻化砖

有色乳胶漆

客厅装饰亮点

①黑白色调的装饰画化解了白墙的单调。

②沙发与电视墙面的色彩递进柔和且不失层次感。

羊毛地毯

客厅装饰亮点

①沙发与墙面都选择白色,十分符合现代居室简洁、干净、明亮的特点。

②造型简约的家具,黑白两色,对比明快、大方、利落。

③羊毛地毯的运用,提升了空间的舒适度。

米色玻化砖

有色乳胶漆

有色乳胶漆

云纹大理石

🔔 客厅材料课堂

米色玻化砖

　　玻化砖由石英砂、泥按照一定比例烧制，然后打磨光亮制成。它是所有瓷砖中最硬的一种，在吸水率、边直度、弯曲强度、耐酸碱性等方面都优于普通釉面砖、抛光砖及一般的大理石。米色调的玻化砖色彩柔和，砖体之间没有明显的色差，质感优雅，性能稳定，是替代天然石材较好的瓷制产品之一。它是家庭装修中比较百搭的一款装饰地材。

　　在选择玻化砖时，一定要注重其光洁度、砖体颜色、分量以及环保性。两片玻化砖之间缝隙越小、结合得越紧密，表明光洁度越好，光洁度越好，就说明玻化砖的生产工艺越高。人们越来越重视环保，所以购买玻化砖的时候还要看产品的相关质检报告，尤其要看产品的辐射性指标。

客厅装饰亮点

①大理石的纹理在灯光的映衬下，层次分明，质感突出。

②客厅背景色与家具、地毯颜色的深浅搭配，让整体尽显和谐。

有色乳胶漆

中花白大理石

灰色玻化砖

装饰银镜

爵士白大理石

中花白大理石

混纺地毯

白色乳胶漆

混纺地毯

仿大理石纹玻化砖

白桦木饰面板

浅灰色网纹大理石

黑胡桃木饰面板

艺术地毯

黑胡桃木饰面板

客厅装饰亮点

①浅灰网纹大理石搭配黑色线条,造型简约又不失层次感。

②黑色胡桃木的质感很好,打造出现代居室的精致美感。

③直线条的现代家具,简单实用,兼备功能性与装饰性。

装饰灰镜

客厅装饰亮点

①灰镜让白色为主调的空间更显通透,也更有层次感。

②大量的金属线条,提升了家具的颜值,也令家具更加结实耐用。

③浅蓝色休闲椅的点缀,让客厅的整体氛围清爽不少。

装饰硬包

客厅装饰亮点

①直线条的硬装装饰墙面简洁且富有立体感。

②大面积的米白色与浅灰色,营造出的客厅氛围明快、舒适。

客厅装饰亮点

①设计造型极有创意的墙饰以金属线条与镜面为主材,良好的装饰效果,打破了墙面的单调感。

②橘红色的皮质沙发是客厅中最亮丽的色彩,摩登感十足。

中花白大理石

胡桃木饰面板

混纺地毯

客厅装饰亮点

①不规则的搁板组成的壁龛，造型别致，随手摆放的书籍与饰品成为墙面最好的装饰元素。

②几何图案的布艺坐墩，增添了客厅装饰的趣味性与活力。

客厅装饰亮点

①投影幕布代替电视机，强化了空间的极简风，也让客厅看起来更加宽敞明亮。

②装饰画是墙面的唯一装饰，呈现的视觉效果极富艺术感。

③抱枕的粉色点缀，为简洁、干练的空间增添了一份甜美气息。

混纺地毯

爵士白大理石

客厅装饰亮点

①地毯与沙发选用同色系的配色手法，不同材质的质感变化，颇有层次感。

②以大面积的石材装饰电视墙，呈现的视感通透而简洁。

有色乳胶漆

客厅装饰亮点

①客厅选用无主灯的照明方式，利用灵活可以移动的轨道射灯来突出主题，使光影效果更加有层次。

②电视墙两侧规划成开放式的层板，不规则的造型可以看出设计的用心。

③短沙发及抱枕的选色为空间配色带来一定的跳跃感，也为黑白基调的空间带来不可或缺的暖意。

胡桃木无缝饰面板

黑白根大理石

中花白大理石

胡桃木无缝饰面板

客厅装饰亮点

①茶镜装饰线的运用增加了墙面设计的层次感与空间时尚感。

②环形的水晶吊灯，造型简洁大方，光线层次丰富，能够更好地衬托环境氛围。

③选用无缝饰面板装饰墙面，整体感更强，也不用担心纹理拼贴不自然。

客厅装饰亮点

①宽大的布艺沙发搭配抱枕，提高舒适度与美观度。

②黑白格子图案的坐墩，在灰白色调的空间内，显得格外活泼。

③彩色墙漆的颜色与休闲椅形成呼应，让空间看起来柔和不少。

有色乳胶漆

实木装饰立柱

混纺地毯

沙比利金刚板

白色乳胶漆

🔔 客厅材料课堂

实木复合地板

　　实木复合地板表层为优质珍贵木材，表面的优质 UV 涂料，提高了地板的硬度，还增强了耐磨性；芯层选用再生木材作为原材料，成本低、性能好。因此，实木复合地板兼具了强化地板的稳定性与实木地板的美观性，成为当今市面上地板的主流产品。

　　在家居装饰中，不是所有的空间都需要高强度的木地板。客厅、餐厅等活动量较大的空间比较适合选用高强度的木地板，如巴西柚木、杉木等；而卧室、书房则可以选择强度相对低一些的品种，如水曲柳、红橡木、榉木等；老人与儿童居住的房间可以选用色泽柔和温暖的木地板。

▲ 客厅装饰亮点

①土黄色的皮质沙发，极富质感。

②将电视墙设计成收纳柜，满足日常收纳功能的同时也使空间看起来更整洁，悬空的柜体设计在视觉上有轻盈之感。

中花白大理石

山纹大理石

黑白根大理石

客厅装饰亮点

①电视墙两侧的收纳柜承担了小客厅的收纳功能,也丰富了客厅的设计层次。

②蓝色懒人沙发与黄色单人座椅的色彩互补,为客厅增添了活力。

③吊灯的设计科技感十足,光线明亮。

混纺地毯

客厅装饰亮点

①黑色烤漆玻璃搭配硬朗的直线条,提升了电视柜的颜值。

②随意摆放的书籍、饰品等为客厅增添了不少生活气息。

③淡绿色的休闲椅不仅增添了客厅的休闲气息,还让空间的色彩更有层次。

羊毛地毯

客厅装饰亮点

①实木线条与大理石装饰的电视墙,是客厅装饰设计最用心之处,暖色灯带的衬托,缓解了石材的冷硬感,呈现的视觉感更加温馨。

②灰色调永远是现代简约风格居室配色的首选,百搭且自带高级视感。

客厅装饰亮点

①白墙让光线更好地融入室内,让空间的通透性更好。

②利用沙发作为客厅与书房之间的间隔,避免了实墙的压抑感,沙发后侧摆放一组矮柜用于收纳,让两个空间都能拥有更好的开阔性与舒适性。

白橡木金刚板

爵士白大理石

仿皮纹壁纸

客厅装饰亮点

①用仿皮纹的壁纸装饰墙面，同时搭配拓缝手法，提升简约空间的视觉层次感。
②茶几与边几等小型家具的设计造型极富个性与创意，提升了空间的整体颜值。

爵士白大理石

客厅装饰亮点

①硬包装饰的墙面立体感更强，再搭配创意十足的墙饰，提升了空间装饰的整体美感。
②家具、饰品的设计线条以直线为主，呈现的视觉效果简洁时尚。

爵士白大理石

实木装饰线密排

客厅装饰亮点

①质感好、色调沉稳的皮质沙发，为简约的客厅增添了不凡的奢华气度。

②顶面射灯的运用凸显了墙面装饰材料的质感，让简约的硬装设计更加耐看。

③3D图案的地毯，为客厅增添了趣味。

肌理壁纸

客厅装饰亮点

①客厅配色以浅灰色、灰白色与白色为主，柔和的色彩过渡让人倍感舒适。

②沙发一侧随意摆放的两只休闲椅，增添了客厅的休闲氛围。

爵士白大理石

爵士白大理石

混纺地毯

肌理壁纸

客厅装饰亮点

①吊灯、灯带、筒灯的组合照明，营造了现代氛围，也提升了空间的光影层次。

②黑、白、灰为主色调的客厅，合理控制黑色的使用面积，营造的色彩氛围简约、明快、时尚。

客厅装饰亮点

①黑色胡桃木线条装饰的电视墙，利落的设计造型凸显了设计的美感与用心。

②绿色绒布饰面的抱枕，手感极佳，搭配米白色的沙发，呈现的视觉效果典雅高贵。

③看似随意摆放的装饰画，极简的题材，艺术感极佳。

胡桃木装饰线密排

装饰硬包

羊毛地毯

水曲柳饰面板

爵士白大理石

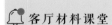 客厅材料课堂

爵士白大理石

　　爵士白大理石的颜色肃静，质感丰富，纹理独特，美观大方，材质富有光泽，石质颗粒细腻均匀，硬度小，易雕刻，适合用作雕刻用材或异形用材。利用爵士白大理石来装饰电视墙，使整个客厅的氛围显得更加清新，也更有时尚感。

　　由于爵士白大理石材质比较疏松，质地较软，吸水率相对比较高，因此，后期应做足保养工作。要经常给大理石除尘，清洁时用微湿并带有温和洗涤剂的抹布擦拭，然后再用干净的软布擦干、擦亮。在日常清洁后还可以用温润的水蜡来保养大理石的表面，既不会堵塞石材细孔，又能够在表面形成防护层，一般 3~5 个月保养一次为最佳。

▶ 客厅装饰亮点

①深灰色的布艺沙发，柔软舒适，功能性与装饰性极佳。

②沙发墙采用水曲柳饰面板作为装饰，精心挑选的板材，纹理拼贴自然，让整个空间都沐浴在自然、淳朴的氛围当中。

③白色大理石装饰的电视墙，不需要多余复杂的造型设计，石材自身的纹理就是最好的装饰。

胡桃木饰面板

皮革软包

水曲柳饰面板

皮革装饰硬包

艺术地毯

黄橡木金刚板

中花白大理石

红樱桃木装饰立柱

有色乳胶漆

中花白大理石

胡桃木饰面板

肌理壁纸

装饰硬包

混纺地毯

客厅装饰亮点

①白墙让室内的通透感更强,良好的采光也让居室看起来更加简洁明亮。
②电视墙设计成半封闭的收纳柜,封闭的柜体可以用来收纳物品,开放式的层板则可以用来展示书籍与藏品,让居室的装饰更多元化。
③小面积的蓝色点缀在色彩简约的客厅中,简洁、雅致。

有色乳胶漆

客厅装饰亮点

①巨幅装饰画打破白墙的单调感。
②抱枕的选色淡雅,搭配米白色的沙发,呈现的视觉感淡雅、温馨、和谐。
③电视墙上错落打造的搁板,搭配丰富的饰品,从细节中展现了搭配的精致与用心。

浅灰色玻化砖

客厅装饰亮点

①整体空间的开放式布局给人的感觉非常通透敞亮，皮质沙发起到了分割空间的作用，让书房与客厅在连为一体的同时又彼此独立。

②皮质沙发不仅承担着分割空间的作用，还是整个空间配色的亮点，丰富和温暖了客厅的色彩。

客厅装饰亮点

①米白色乳胶漆装饰的墙面简约而温馨，在直线条的石膏线修饰下，呈现出简约而富有层次的美感。

②沙发极富质感，精美的色彩为空间增添了摩登感与时尚感。

③吊灯、台灯、壁灯组合运用，让室内的氛围更显柔和与舒适。

有色乳胶漆

米色网纹玻化砖

茶色镜面玻璃

客厅装饰亮点

①墙饰的设计造型极富创意，能够装饰出现代居室的时尚感与艺术感。

②茶镜的运用与沙发墙的木饰面板形成色彩的呼应，为居室配色增添了一份雅致感。

客厅装饰亮点

①顶面暗藏的灯带，突出了金色线条的质感与美感。

②深蓝色调的窗帘与地毯，点缀在白色为主色的空间中，增添了空间的沉稳气度。

③家具的金属线条为客厅增添了时尚感。

中花白大理石

混纺地毯

浅啡网纹大理石

客厅装饰亮点

①用棕红的木饰面板来装饰沙发墙,为黑、白基调的客厅增添不少活力,也凸显了家居选材的考究与用心。

②质感极佳的混纺地毯保证了客厅的舒适度与颜值。

红橡木无缝饰面板

客厅装饰亮点

①吊灯的造型十分有创意,增添了时尚感。

②利用收纳柜来装饰电视墙,兼备功能性与装饰性。

③色彩的点缀来自抱枕,面积虽小,却不容忽视。

胡桃木金刚板

山纹大理石

有色乳胶漆

浅橡木饰面板

客厅装饰亮点

①客厅采用了简洁、雅致的硬包与木饰面板作为电视墙的主要装饰，色彩与材质的搭配都极具协调感。

②装饰画是丰富墙面设计最有效、性价比最高的装饰元素。

米色哑光玻化砖

客厅装饰亮点

①半通透的热熔玻璃作为间隔，缓解了实墙带来的压抑感，让居室氛围更加通透。

②在简单的白色石膏线的修饰下，白墙看起来更有层次感。

③灰色调的布艺沙发是整个空间色彩最重的元素，让极简的空间看起来更有层次，更具时尚感。

白色人造大理石

浅灰色网纹玻化砖

浅灰色网纹人造大理石

装饰硬包

🔔 客厅材料课堂

人造大理石

　　人造大理石具有重量轻、强度高、耐腐蚀、耐污染、施工方便等特点。浅啡网纹人造大理石的纹理虽然不像天然网纹大理石的纹理那样自然，但是它的纹理图案可人为控制，无论是颜色还是纹理，都可以达到视觉上较一致的效果。

　　人造石材有耐磨、耐酸、耐高温等特点。因为表面没有孔隙，油污、水渍不易渗入其中，因此抗污力强。但人造石是以天然石粉为原材料，再加入树脂制成，因此在选购时，应注意有无刺鼻气味，尽量选择色彩自然的人造石材。

↑ 客厅装饰亮点

①木质壁龛与石材组成了电视墙的设计，既能承担一部分的收纳功能，又拥有绝佳的装饰效果。
②灰色基调的空间背景色下，蓝色、白色、木色的运用，丰富了色彩层次并提升空间颜值。

浅橡木饰面板

爵士白大理石

浅橡木无缝饰面板

客厅装饰亮点

①客厅墙面没有复杂的设计造型，而是用简约明了的线条搭配精致的墙饰来展现现代简约风的气质。

②抱枕与地毯的几何元素，色彩对比明快，为客厅增添不少活力，也凸显了空间配色的层次感。

③线条简洁大方的家具，采用金属作为支架，结实耐用，美观度高。

有色乳胶漆

客厅装饰亮点

①极简风的客厅中，墙面没有任何装饰，利用浅灰色调的墙漆来凸显主题墙面，简约而明快。

②沙发、茶几、休闲椅保证了客厅的基本使用功能，释放了更多的使用空间，缓解了小空间的紧凑感，保证了空间动线的畅通。

仿洞石玻化砖

客厅装饰亮点

①地砖的拼贴方式保证了开放式空间的通透感，呈现的视感更加敞亮。

②高颜值的地毯增添了客厅装饰的趣味性，也保证了客厅的舒适度。

客厅装饰亮点

①采用直线条的格栅来分割客厅与书房，通透感十足。

②家具的选材以金属、石材为主，结实耐用，颜值极高。

③布艺沙发、地毯中和了金属、石材的冷硬感，让居室氛围和谐舒适。

装饰硬包

胡桃木饰面板

客厅装饰亮点

①沙发的选色十分高级，让以白色为背景色的客厅看起来更加简洁、明快。

②绿植与小型木色家具的点缀运用，为简约的现代客厅增添了自然、质朴之感。

皮革软包

客厅装饰亮点

①皮革软装装饰的墙面，不需要复杂的设计造型，便能呈现出很好的立体感，搭配银色收边条，整体视感简洁明了。

②两只蓝色休闲椅的运用，为空间增容不少，缓解了大面积浅色的单调感。

白色乳胶漆

黑胡桃木装饰线密拼

客厅装饰亮点

①白色石材与深色木饰面板组成的电视墙，材质的质感与色彩对比鲜明。

②灰色调的沙发为客厅增添了时尚感。

③良好的采光与合理的照明系统，让空间的整体感觉十分舒适。

浅灰色网纹玻化砖

客厅装饰亮点

①环保的硅藻泥壁纸装饰墙面，简洁大方，环保耐用。

②高颜值的地毯是客厅装饰的亮点，缓解了石材的冷硬质感。

③配套的茶几与边几，选材考究，造型别致，充分体现现代家居简洁实用的优点。

硅藻泥壁纸

沙比利金刚板

仿古砖

中花白大理石

客厅装饰亮点

①整个客厅以优雅的灰色调为主，营造出了舒适简约的氛围。

②深色家具搭配浅色墙面，打造出简约现代居室的空间格调。

③布艺元素的选色简单，令空间的整体感更加和谐舒适。

肌理壁纸

客厅装饰亮点

①金属墙饰以简单的直线条为主，艺术感极佳，成为客厅中装饰的点睛之笔。

②布艺元素的色彩十分活跃，为简洁的空间增添了无限活力。

③家具的设计线条简洁流畅，展现出现代简约风格的气质。

灰色哑光墙砖

混纺地毯

爵士白大理石

密度板混油

🔔 客厅材料课堂

黑镜装饰线

　　黑色烤漆玻璃装饰线与黑色镜面装饰线统称为黑镜装饰线。它们都能为空间增添不可替代的层次感与时尚感。黑镜装饰线本身色彩沉稳，大多情况下会与木饰面板、石膏板、软包或硬包等装饰材料进行搭配使用；同时，相比实木装饰线与石膏装饰线更能提升空间的层次感。

　　运用黑镜装饰线来装饰吊顶，应尽量选择尺寸窄一些的线条；若用于主题墙面的装饰，则可以根据其面积的大小来定。安装前必须经过严格、精准的测量，否则会产生价格不菲的额外支出。

↑ 客厅装饰亮点

①密度板拓缝的安装手法，让简约的沙发墙看起来更有层次。

②直线条为主的家具，让装饰效果充满时尚感。

有色乳胶漆

混纺地毯

白色哑光玻化砖

茶镜装饰线

混纺地毯

白橡木金刚板

木纹壁纸

肌理壁纸

浅灰色玻化砖

白橡木金刚板

浅灰色网纹大理石

硅藻泥壁纸

黑白根大理石

沙比利金刚板

客厅装饰亮点

①将沙发墙设计成矮墙，没有了实墙的压抑感，让空间更显通透敞亮。

②深色木饰面板装饰的墙面，缓解了大面积白色的单调感。

③浅色木地板的纹理清晰，质感淳朴，为居室增添了一份自然气息。

米白色玻化砖

客厅装饰亮点

①浅色调作为空间的背景色，让整个客厅看起来更加宽敞、明亮、通透。

②电视墙选用黑、白两种颜色的石材作为装饰，色彩对比明快，上浅下深的搭配，也让空间基调趋于稳定。

③少量的橙色是客厅中最跳跃的色彩，虽然面积小，却能增添无限活力。

中花白大理石

客厅装饰亮点

①客厅的灯光都选用柔和的暖色调，缓解了石材的冷意，让空间氛围更加舒适。

②L形的布艺沙发，保证了多人的使用需求，与触感柔软的地毯相结合，休闲气息油然而生。

客厅装饰亮点

①黑色烤漆玻璃与白色石材，色彩对比明快，呈现的视觉效果通透敞亮。

②米色调的墙面搭配灰色调的双色沙发，大大提升了整个居室的颜值。

③地毯的色彩处理尽显现代居室理智内敛的美感。

黑色烤漆玻璃

樱桃木金刚板

浅橡木无缝饰面板

客厅装饰亮点

①浅橡木饰面板装饰的墙面，色泽温润，为简约的居室增温。

②茶几、边几等小型家具的设计造型新颖别致，展现了现代家具的高颜值。

客厅装饰亮点

①墙面深色木饰面板与地板的颜色保持一致，呈现很好的整体感。

②以白色调为主题色，缓解了深色木材的单调与沉闷感。

③巨幅装饰画的运用，为居室增添无限艺术气息。

樱桃木金刚板

中花白大理石

灰白花大理石

客厅装饰亮点

①开放式的空间中，小家具的错落搭配在不影响空间动线的前提下，让空间的使用功能更加完善。

②简约风的居室内，硬装没有多余复杂的造型，仅通过材质本身的质感便能拥有良好的装饰效果。

肌理壁纸

客厅装饰亮点

①明亮的黄色是客厅装饰的亮点，点缀出现代风格居室活泼的一面。

②布艺沙发的设计造型虽然简洁，但高级灰色调却增添了客厅的时尚感。

米色网纹玻化砖

中花白大理石

混纺地毯

米白色玻化砖

客厅装饰亮点

①巨幅装饰画的题材极富有趣味性，打破了空间的单调感。

②深浅搭配的家具，呈现的视觉感十分高级、有范儿。

③抱枕的色彩丰富，虽然面积很小，却让空间的整体色感更加舒适。

灰白色网纹人造大理石

客厅装饰亮点

①黑白色调的空间里，装饰画的运用能增添无限的美感与艺术气息。

②吊灯、壁灯、台灯选用暖色灯光，搭配灯带与射灯的白色灯光，呈现的光影效果更加丰富，也让居室的整体感觉更加明亮。

🔔 **客厅色彩课堂**

无彩色系与暖色系的搭配

　　以 黑 、白 、灰 、金 、银等无彩色系作为家居空间的配色，能够彰显出现代风格硬朗、整洁的色彩特点。再利用无彩色系与暖色的对比来营造出现代风格居室的活泼与时尚。在实际运用时，既可以适当地运用一些纯度较高的色彩，来表达现代风格简约舒适的特点；也可以与低饱和度的暖色相搭配，使空间显得更加温暖、亲切。

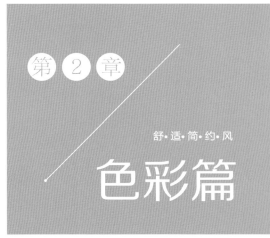

第 ② 章

舒·适·简·约·风
色彩篇

爵士白大理石

胡桃木无缝饰面板

浅啡网纹玻化砖

爵士白大理石

实木装饰线密排

红樱桃木饰面板

客厅装饰亮点

①整体空间的硬装部分十分简洁，没有复杂的造型，利落的直线条，简单的材料，通过灯光的映衬，打造出简约而富有质感的空间。

②黄色休闲椅的运用不仅增添了空间的休闲感，还让沉稳的空间配色看起来更有活力与层次感。

长毛地毯

客厅装饰亮点

①高颜值的大理石茶几造型别致，材质通透洁净、结实耐用。

②沙发的选色高级，又十分耐脏，宽大柔软的触感，搭配大块的长毛地毯，使客厅的休闲气息浓郁，舒适感极佳。

中花白大理石

米白网纹墙砖

白色玻化砖

客厅色彩课堂

无彩色系与冷色系的搭配

　　简约风居室内若将无彩色系与冷色进行搭配，可以选择以白色作为背景色，以蓝色或灰色作为点缀或辅助配色，营造出一个简洁、舒适的空间氛围。若以灰色作为辅助色，白色作为背景色，蓝色作为主题色，便能营造出一个稳重、素雅的空间氛围。

客厅装饰亮点

①绿色休闲椅提升了客厅色彩的层次感。

②沙发墙整面都规划成收纳柜，再将灯带嵌入其中，提升了颜值，装饰效果更加突出。

③地面选用白色玻化砖作为主材，更加突出了空间宽敞、洁净、通透的特点。

胡桃木饰面板

有色乳胶漆

肌理壁纸

木质搁板

浅灰色大理石

有色乳胶漆

中花白大理石

爵士白大理石

有色乳胶漆

白色玻化砖

浅色仿古砖

有色乳胶漆

茶镜装饰线

白色玻化砖

61 +

中花白大理石

羊毛地毯

胡桃木饰面板

客厅装饰亮点

①电视墙的设计呈现出轻松随意的现代家居氛围。

②小型家具的合理摆放，强化了客厅的实用功能，也让空间的整体色彩更有层次。

③利用矮柜代替一部分实墙，明确空间区域的同时带有一定的收纳功能。

浅啡色网纹玻化砖

客厅装饰亮点

①黑白色调的装饰画搭配浅色木饰面板，打造出现代居室简约、温馨、时尚的格调。

②高级灰的布艺沙发搭配黑白双色的大理石茶几，一个柔软舒适，一个简洁利落，彰显了现代简约空间的品质与精致。

有色乳胶漆

客厅装饰亮点

①颜值极高的圆形回纹地毯，增添了空间装饰的趣味性。

②山纹大理石装饰的电视墙，不需要任何复杂的设计造型，便能拥有良好的装饰效果。

客厅装饰亮点

①蓝色与黄色产生的互补，活跃了空间的整体色彩氛围。

②家具的设计线条简约流畅，金属支架结实耐用。

灰白山纹大理石

中花白大理石

客厅装饰亮点

①家具运用金属线条做修饰线，颜值更高，看起来更显简洁利落。

②空间的整体色彩比较统一，金色调的点缀，不仅没有破坏空间的协调和统一，反而让空间显得更有层次。

黑白根大理石

客厅装饰亮点

①大理石装饰的电视墙，通透的质感，丰富的纹理，简洁利落。

②电视墙同时选用黑色与白色两种石材，色彩的对比让居室氛围明快不少。

③家具的硬朗线条与简约的硬装形成呼应，既增添了空间的层次感又强化了现代风格居室简约的格调。

中花白大理石

白橡木金刚板

客厅装饰亮点

①白色与灰色搭配的空间简约时尚。

②客厅中的家具造型从简，呈现出简约舒适的效果。

③绿植、画品、布艺饰品的点缀，为简单的客厅增添了趣味性。

爵士白大理石

客厅装饰亮点

①电视墙的收纳搁板增强了客厅的收纳功能，让简约的客厅设计感更加丰富。

②墙饰的造型极富创意，也带有几分科技感。

③家具的线条简练，造型低矮，十分适合小空间。

皮革硬包

爵士白大理石

混纺地毯

羊毛地毯

客厅装饰亮点

①白色布艺沙发上看似随意摆放的两只抱枕,弱化了灰、白、黑三色的利落感,为居室增添了柔和、浪漫的气息。

②浅色作为空间的背景色,让小空间看起来更加洁净敞亮。

爵士白大理石

客厅装饰亮点

①客厅的照明设计层次丰富,凸显了墙面白色大理石的纹理,让居室看起来更加简洁通透。

②灰色调的沙发搭配同色系的地毯,让以白色为背景色的客厅,增添了稳重感,大量的布艺元素也弱化了石材带来的冰冷感。

浅米色网纹玻化砖

实木窗棂造型隔断

灰白色网纹玻化砖

铁艺窗棂造型隔断

🔔 客厅色彩课堂

多色彩与白色的搭配

　　白色能与任何一种色彩形成对比或互补。在简约风的居室配色中，可以选用多种色彩组合运用的配色手法来丰富空间的色彩层次，再充分利用白色强大的融合性来弱化多种色彩搭配带来的喧闹感，使整体配色效果既能带来很强的视觉冲击力，又能使整个空间看起来更加明快与活跃。

▲ 客厅装饰亮点

①白色为主色调的客厅，总能给人呈现整洁、干净的视感。

②布艺元素、装饰墙画、绿植花艺的点缀，让空间色彩层次更加丰富，同时也彰显了现代生活的精致品位。

白色板岩砖　　　　　　　　　　　　　　　　　　　胡桃木金刚板

混纺地毯

有色乳胶漆

胡桃木饰面板

爵士白大理石

混纺地毯

浅灰色网纹玻化砖

米白色洞石

爵士白大理石

云纹大理石

白橡木金刚板

密度板

密度板拓缝

客厅装饰亮点

①密度板的拓缝造型，让简单的电视墙设计看起来更有层次感与线条感。

②明黄色的点缀，活跃了空间的色彩氛围，为空间增添了活力。

灰白色网纹玻化砖

客厅装饰亮点

①抽象题材的装饰画丰富了单调的白墙。

②深色家具让浅色空间的重心更加稳定。

③简单利落的直线条，更加彰显了现代简约风格的装饰特点。

浅灰色网纹玻化砖

客厅装饰亮点

①电视墙采用悬空的柜体作为装饰,与暖色灯带相结合,颇具轻盈感。

②极简风的客厅中,深蓝色沙发的运用,缓解了白墙的单调感,也让空间重心更加稳定。

③大块地毯的运用,弱化了地砖的冷硬感,提升客厅的舒适度。

客厅装饰亮点

①木饰面板搭配石材,使空间呈现简约、温馨的格调。

②良好的采光让客厅明亮舒适,沙发、抱枕、地毯等布艺元素的运用,营造出一个自由休闲的空间氛围。

胡桃木无缝饰面板

客厅装饰亮点

①黑色镜面搭配白色大理石,明快的对比增强了空间的时尚感。

②小型家具的设计造型很有新意,提升了整个空间软装搭配的颜值。

中花白大理石

混纺地毯

客厅装饰亮点

①简单利落的家具造型搭配丰富的选材,彰显了现代风格家具多元化的特点。

②彩色布艺抱枕的点缀,为灰色为主色调的客厅增添了一份柔和、雅致的美感。

羊毛地毯

浅啡网纹大理石

客厅装饰亮点

①硅藻泥壁纸的选色十分高雅，搭配黄色
调的皮质沙发，奢华感极强。

②白色大理石饰面的电视柜及茶几简约的
设计造型弱化了石材的厚重感。

③浅咖色的羊毛地毯更是增添了客厅的舒
适度与美感。

硅藻泥壁纸

客厅装饰亮点

①浅色调的木板装饰的墙面，纹理清晰，
搭配灰白色调的装饰画，艺术感浓郁。

②客厅的整体色调趋于沉稳，浅灰色调的
布艺沙发及地毯，没有繁琐的装饰图案，
低调而优雅，让客厅显得更加自然随性。

浅橡木无缝饰面板

有色乳胶漆

黑胡桃木饰面板

胡桃木无缝饰面板

客厅装饰亮点

①无缝木饰面板的装饰,让空间看起来更有整体感。

②休闲椅选用明快的黄色,搭配金属色的边几,呈现的视觉效果时尚而明快。

③几何图案的地毯,彰显了现代居室的美感与时尚气息。

客厅装饰亮点

①暖色的吊灯让黑白色调为主的客厅,呈现的视感更加柔和、温馨。

②电视墙两侧规划成开放式的收纳搁板,利用丰富的藏品及书籍来装点空间。

③写意的装饰画,让简洁、干练的现代风格居室看起来艺术气息更加浓郁。

中花白大理石

客厅软装课堂

简约实用的家具

　　板式家具是采用中密度板或刨花板通过表面贴面等工艺制成的家具，具有拆卸方便、造型简洁、不易变形、价格实惠等特点，成为现代家具市场的主流。此外，金属、玻璃、塑料等多元化材料组合而成的家具，其简约的设计线条现代感十足，结实耐用，装饰效果极佳，也是打造简约风格居室最常用的家具品种之一。

第 3 章

舒·适·简·约·风

软装篇

墨绿色烤漆玻璃

中花白大理石

爵士白大理石

墨绿色烤漆玻璃

羊毛地毯

泰柚木饰面板

白色哑光玻化砖

客厅装饰亮点

①黑镜装饰线的运用,让白墙看起来更有层次感与线条感。

②灰色调的布艺沙发上,蓝色、黄色抱枕的点缀,有效地打破沉闷。

有色乳胶漆

客厅装饰亮点

①灰色调作为客厅的背景色,呈现的视感十分高级。

②米白色的沙发、地毯搭配浅灰色背景色,柔和的对比,简约而舒适。

③灯饰、花艺、饰品等小物件的点缀,让整个居室的氛围和谐,也彰显了现代居室的品质与精致。

客厅装饰亮点

①暖色灯带的修饰，丰富了空间设计的层次感也使氛围更加温馨别致。

②大块的地毯搭配柔软的布艺沙发，简约大方的搭配，轻松营造出现代简约风的悠闲时光。

羊毛地毯

客厅装饰亮点

①充满科技感的灯饰造型，是客厅装饰的一个亮点，为小客厅带来了不容忽视的时尚感。

②皮质沙发极富质感，高级灰的色调更加凸显了它的高颜值。

③蓝白色调的装饰画，视感明快。

仿动物皮毛地毯

白色人造大理石

客厅装饰亮点

①白色大理石装饰的墙面,让居室呈现的视觉效果更加简洁、通透。

②宽大的皮质沙发、舒适的休闲椅,既有现代居室的时尚与个性,又打造出一个极度舒适的待客空间。

客厅装饰亮点

①可移动的轨道射灯让主题墙更加突出。

②原木色搁板与白色收纳柜装饰的电视墙,兼备了实用功能与装饰功能。

③灰色调的沙发与同色系的地砖,让以白色为主的空间的重心更加稳固。

灰色哑光地砖

混纺地毯

茶色镜面玻璃

客厅装饰亮点

①做旧的皮质沙发为简约的客厅增添了后现代的摩登感。

②巨幅装饰画的运用打破了白墙的单调。

③大面积的棕色调，为客厅营造出一个低调柔和的氛围。

胡桃木饰面板

客厅装饰亮点

①灰白色的背景与灰色块组成的客厅，简约中透着时尚感。

②低饱和度的黄色带有一份复古的美感，也提升了空间的色彩层次感。

③电视墙规划成的收纳柜，可以满足更多的储物需求。

浅灰色哑光玻化砖

黑胡桃木无缝饰面板

装饰硬包

有色乳胶漆

客厅装饰亮点

①木纹突出的深色地板为客厅带来不可或缺的温度感。

②灰色调的布艺沙发自带高级感，也彰显了现代居室的配色特点。

③鹅黄色窗帘与灯光的色调形成呼应，使客厅氛围更加温馨舒适。

泰柚木饰面板

客厅装饰亮点

①巨幅装饰画的运用，增添了客厅的艺术感，让同色调搭配的沙发与木饰面板的质感更加突出。

②浅灰白网纹大理石装饰的墙面，在灯光的衬托下纹理更加清晰，视感简洁通透。

③吊椅的运用既提升了空间的色彩层次，又让客厅的整体氛围更加悠闲舒适。

浅米色网纹大理石

客厅装饰亮点

①电视墙的设计简约, 石材与木材精致的纹理, 比任何复杂的设计造型都要耐看。

②直线条的家具, 简洁利落。

客厅装饰亮点

①装饰画与抱枕的点缀, 让空间色彩更有
层次。

②绿植与鲜花的装饰, 让简约的客厅也有
了自然韵味。

③沙发一侧的边几有着一定的收纳功能,
在此处放置书籍方便取阅。

米白色玻化砖

灰白花大理石

浅灰色网纹玻化砖

肌理壁纸

客厅装饰亮点

①以同色调色彩进行搭配的客厅，看起来更加和谐舒适。

②壁纸与大理石组合成了墙面的主要装饰材料，色彩与材质的对比十分柔和。

③灰色调的沙发永远是凸显现代风格居室时尚气息的法宝。

米黄色网纹玻化砖

客厅装饰亮点

①家具的设计线条简单流畅，充分彰显了现代家具简洁利落的外形特点。

②以灰色调的硬包装饰沙发墙，与电视墙的白色石材形成鲜明对比，为现代居室增添时尚感与明快感。

中花白大理石

浅胡桃木饰面板

有色乳胶漆

🔔 客厅软装课堂

简约时尚的灯饰

　　简约风格灯饰以简洁、另类、时尚为设计理念，设计造型以方形、长方形、圆形、球形或不对称的几何形状最为常见；其材质一般采用具有金属质感的铝材、另类气息的玻璃等；颜色以白色、金属色、黑色居多。总体来说，简约风格灯饰整体给人的感觉简洁、实用，集装饰性与功能性于一体。

▶ 客厅装饰亮点

①深蓝色的窗帘让黑、白、灰为主色调的空间增添了神秘感，显得更加低调内敛。

②电视墙采用双色墙漆进行装饰，简简单单却有着不一般的视觉冲击力。

实木踢脚线　　　　　　　　　　　　　　　　　　　木纹玻化砖

米黄色网纹玻化砖

水曲柳饰面板

白色玻化砖

胡桃木饰面板

米白色玻化砖

中花白大理石

白色人造大理石

米色大理石

有色乳胶漆

实木装饰立柱

爵士白大理石

装饰银镜

仿皮纹壁纸　　　　　　　肌理壁纸

实木装饰线密排

客厅装饰亮点

①实木线条来分割客厅与厨房,视觉效果十分通透。

②白色纱帘让光线更好地融入室内,搭配浅色木地板,整体氛围温馨、舒适。

③小面积的橙色是客厅装饰的亮点,让浅色空间的色彩更有层次感与活跃感。

客厅装饰亮点

①电视墙一侧设计成不规则的搁板造型,丰富的藏品与书籍陈列其中,增添了整个客厅的艺术氛围。

②深色沙发的运用,让开放式的空间重心更加稳定。

③少量的亮色点缀其中,提升了整体空间的色彩层次,视感更加明快。

中花白大理石

木纹大理石

客厅装饰亮点

①无主灯的照明设计，墙面与顶面都采用了暖色的灯带进行修饰，光影效果明亮而温馨。

②木纹大理石在暖色灯带的衬托下，质感更加突出，纹理更显丰富。

客厅装饰亮点

①金属墙饰的运用为空间注入了科技感与时尚感，与家具的选材形成巧妙呼应，体现搭配的用心。

②色彩跳跃的地毯，活跃了整个空间的氛围，也为低调优雅的空间增添了几分趣味性。

米黄色大理石

混纺地毯

客厅装饰亮点

①原木色与白色组成的空间背景色,给人呈现简约、柔和、舒适的视感。

②电视墙简单的壁龛上,可以用来摆放几本书,以便日常翻阅。

③灰色调的布艺窗帘、地毯、沙发,让以白色调为主的空间重心更加稳定,也彰显了现代居室的时尚感与明快感。

装饰硬包

客厅装饰亮点

①浅咖色与白色为背景色的客厅,营造的背景环境简洁温馨,抱枕、小型家具、装饰画的点缀,增添了客厅色彩的活跃度。

②电视墙根据空间结构布局设计成对称的壁龛,丰富了装饰效果。

③镜面与硬包的组合,质感与触感都形成强烈的对比,为现代居室增添了时尚感。

灰白云纹大理石

灰白花大理石

客厅装饰亮点

①电视墙两侧的对称式层板，收纳陈列了书籍及工艺品，成为客厅最引人注目的地方。

②墙面上的两幅装饰画，缓解了浅色墙面的单调感，空间的艺术氛围油然而生。

③柔软宽大的皮质沙发搭配休闲椅，让室内的休闲氛围更浓。

仿木纹玻化砖

客厅装饰亮点

①同色调的沙发、地毯及墙面壁纸使客厅的整体氛围整洁舒适。

②茶几、边几选用了白色大理石作为饰面，简约别致的设计造型提升了空间整体搭配的颜值。

肌理壁纸

混纺地毯

白色人造大理石

柚木金刚板

客厅装饰亮点

①暖色灯带的运用,让电视墙的设计更有
层次感。

②布艺元素的选色清爽、自然,让整个空
间的色彩视感都十分明快、轻盈、舒适。

③原木色的地板,纹理清晰,色泽温润,品
质卓越。

黑镜装饰线

客厅装饰亮点

①质感通透的大理石、纹理细腻的地砖、
环保的白色墙漆,打造出一个简约、明亮、
温馨的客厅空间,也彰显了现代居室选材
的考究与用心。

②布艺元素的点缀运用,提升了空间色彩
的层次感,活跃了空间氛围。

③装饰纹样以直线条或几何图案为主,时
尚感强,也十分符合现代简约风格居室的
特点。

肌理壁纸

客厅装饰亮点

①皮质沙发的设计造型略带复古感,高雅的选色,优美的线条,提升了整个空间的颜值。

②茶几、边几等小家具都选用金属支架,造型简约,轻盈耐用。

客厅装饰亮点

①精致的水晶吊灯搭配简单的顶面,既有古典欧式的美感,又不会与现代风家居的简约理念背道而驰。

②同色调的配色手法,让布艺、石材、玻璃及木材等元素的组合看起来更加协调。

米色玻化砖

硅藻泥壁纸

有色乳胶漆

白橡木无缝饰面板

客厅装饰亮点

①沙发与墙面饰面板的微弱色差,让居室的整体氛围更显温馨。

②装饰画、花器、饰品等小件软装元素的点缀运用,提升了空间的色彩层次,呈现出现代生活精致的品质。

沙比利金刚板

客厅装饰亮点

①深色皮质沙发的质感十足,提升了空间搭配的颜值。

②地毯的花纹与木地板的拼贴方式形成呼应,体现搭配的用心。

③大理石装饰的电视墙,在灯光的映衬下,质感突出,让空间更显简洁、明亮。

密度板

浅灰色网纹玻化砖

羊毛地毯

有色乳胶漆

📢 客厅软装课堂

简约素雅的布艺元素

　　简约风格居室中的布艺装饰多以简洁、素雅的浅色为主；花纹图样也不会过于繁琐厚重，通常是以一些简单大方的线条、几何图案或简化的花卉为主；抑或选择纯色没有任何图案的布艺，以突出简约风格家居舒适、时尚的氛围。

↑ 客厅装饰亮点

①简约风的客厅中，艺术感极佳的装饰画打破了墙面的单调感。

②悬空的电视柜与灯带的组合，视感更加轻盈。

③大叶绿植为低调典雅的客厅增添了一份自然感与活力。

柚木饰面板

白色人造大理石

白枫木装饰线

客厅装饰亮点

①淡淡的蓝色作为背景色，搭配简单的白色线条，打造出清爽、淡雅的背景环境。

②家具的设计线条简洁大方，纤细的造型也释放了更多的使用空间。

③采用布艺元素营造温馨氛围，是性价比极高的做法之一。

白桦木饰面板

客厅装饰亮点

①金属线条的大量运用，强化了空间装饰的线条感与高级感。

②大量布艺元素的运用，能够提高客厅的舒适度，同时也缓解了石材、金属等材质的冷硬感。

③黄色、红色等明亮色彩的点缀运用，增添了客厅的活跃氛围。

白枫木饰面板

客厅装饰亮点

①明快的黄色点缀在以黑白色调为主的客厅中，让空间的色彩氛围更显活泼。

②白色木质花格将餐厅与客厅分割，装饰效果极佳，又不会让人产生压抑之感。

客厅装饰亮点

①沙发墙的仿木纹壁纸，在灯带的映衬下，纹理格外清晰。

②艺术感极佳的水粉画，色彩淡雅，为低调的客厅增添美感。

③家具的设计线条简洁大方，直线条也让空间更显利落。

木纹大理石

肌理壁纸

客厅装饰亮点

①客厅整体采用同色系配色手法, 利用壁纸、布艺以及石材不同的质感来凸显层次, 视感十分柔和。

②吊灯、装饰画以及地毯等软装元素是客厅装饰的点睛之笔, 增添了无限的时尚感。

黄橡木金刚板

客厅装饰亮点

①将电视柜设计成悬空造型, 缓解了石材的沉重感, 视觉效果更加轻盈。

②直线条为主要装饰图案的空间, 线条感更强, 视感更加利落。

③沙发、地毯与木地板的搭配, 色彩层次感丰富, 让整个客厅看起来更加大气, 且不失现代气息。

浅灰白色网纹玻化砖

木纹大理石

客厅装饰亮点

①装饰画永远是打破墙面单调感的不二之选。

②米白色的沙发看起来柔软舒适,搭配黑色烤漆饰面的茶几,色彩对比明快和谐。

③大块地毯与亮面茶几形成质感上的互补,也缓解了地砖的冷意。

白枫木饰面板

客厅装饰亮点

①密度板的拓缝造型,让设计造型简单的沙发墙看起来更具层次与内涵。

②街景装饰画更加丰富了客厅空间的生活气息。

③射灯与灯带的组合,让无主灯照明的客厅光影柔和并富有层次。

铁锈黄云纹大理石

黑胡桃木饰面板

混纺地毯

米黄色网纹玻化砖

客厅装饰亮点

①高颜值的吊灯造型新颖独特,增添了客厅的时尚感。

②蓝色调的布艺元素,为现代客厅增添清爽、婉约的美感。

白色板岩砖

客厅装饰亮点

①充满创意的吊灯、灵活的移动射灯、落地灯的组合运用,提升了整体空间的颜值。

②以原木色与白色为背景色的客厅,呈现的视觉效果舒适、自然、淳朴。

③木质搁板上摆放的书籍、饰品、绿植等元素,增添了空间的生活气息。

浅啡网纹玻化砖

客厅装饰亮点

①隐形门的设计, 体现了空间设计的用心, 也增强了小空间硬装设计的整体感。

②空间虽小, 却也在沙发的一侧放置了一张躺椅, 让主人能够享受休闲时光。

客厅装饰亮点

①收纳柜与灯带的组合运用, 提升了柜体的颜值, 也让收纳与展示更加完美。

②沙发的设计造型简单, 搭配高级灰的色调, 简洁利落。

③布艺窗帘与卷帘的运用保证了空间的通透感, 也让光线控制更加自如。

灰白色网纹大理石

肌理壁纸

白色人造大理石

仿古砖

客厅装饰亮点

①以浅色调为主色的客厅，总能给人带来温馨、舒适的感觉。

②绿色抱枕及休闲沙发的运用，为空间注入了清爽的视感与无限的自然气息。

③印花壁纸的精致图案，彰显出现代装饰材料的优良品质。

沙比利金刚板

客厅装饰亮点

①电视墙直接规划成开放式的层板，利用书籍作为装饰，让整个空间都散发着浓郁的书香气息。

②灯带的运用，提升了收纳搁板的颜值。

③深色的家具与浅色地板形成对比，凸显了现代风格的时尚感。

中花白大理石

有色乳胶漆

爵士白大理石

黑胡桃木无缝饰面板

🔔 客厅软装课堂

简洁抽象的装饰画

　　简约风格居室中的装饰画通常选择抽象图案或几何图案为主题。悬挂方式较为多变，如对称挂法、重复挂法、水平线挂法或对角线挂法等。整体给人的感觉简练、明快，色彩对比强烈，对于整个家居环境起到点缀、衬托的作用。

↑ 客厅装饰亮点

①飘窗是整个客厅布局规划的亮点，也为小客厅打造出一个安逸的小角落。

②客厅整体的配色轻快、干净，毫无压抑感，充分展示了现代简约风格居室的特点。

黑白根大理石

爵士白大理石

红橡木金刚板

钢化玻璃

浅橡木饰面板

印花壁纸

黄橡木金刚板

中花白大理石

黑白根大理石

混纺地毯

混纺地毯

印花壁纸

装饰黑镜

客厅装饰亮点

①黑镜的运用,让简约的墙面呈现更加丰富的视感。

②茶几、电视柜、边几在空间内形成了材质及颜色上的双重呼应,体现了设计搭配的用心。

客厅装饰亮点

①高颜值的吊灯为空间增添了美感。

②大量金属、玻璃等元素的运用彰显了现代居室选材的多元化与美观性。

③红色的使用面积虽小,却为空间带来了不可或缺的热情与朝气。

仿木纹玻化砖

胡桃木饰面板

客厅装饰亮点

①茶几的设计充满现代感，提升了整个客厅的格调与颜值。

②大量的木饰面板为客厅带来质朴、典雅的感觉，置身其中，让人感到无比放松。

客厅装饰亮点

①客厅的整体色彩简单明亮，白墙、白顶以及贴皮饰面搭配得十分和谐。

②沙发墙的巨幅装饰画让空间充满艺术感，让室内的整体氛围活跃起来。

装饰硬包

有色乳胶漆

客厅装饰亮点

①开放式的空间内,家具的线条简洁流畅,保证了空间动线的畅通性与装饰的美感。

②浅灰色搭配淡淡的粉色,视觉效果柔和、时尚。

中花白大理石

客厅装饰亮点

①全铜材质的环形吊灯搭配灯带、筒灯,灯光效果层次丰富,增添美感。

②深色木饰面板与白色石材的组合,让电视墙呈现的视觉效果明快而有质感。

印花壁纸

有色乳胶漆

客厅装饰亮点

①沙发的颜色柔和淡雅, 搭配绿色调的沙
发椅, 让客厅的色彩层次更加突出。

②棕色调的肌理壁纸搭配白色大理石, 呈
现出现代居室的质朴简约。

肌理壁纸

客厅装饰亮点

①墙面装饰画的造型简约, 画风清新, 打
破了素色墙面的单调。

②柔软的布艺沙发, 不需要有多么华丽的
装饰, 便能撑起一个舒适的客厅。

沙比利金刚板

木质搁板

装饰硬包

爵士白大理石

客厅装饰亮点

①素色墙漆搭配爵士白大理石,材质与色彩的对比,营造了视觉的层次感。
②客厅选用大量的直线条作为装饰,呈现出现代客厅简洁、利落的美感。

混纺地毯

客厅装饰亮点

①黑白色调的装饰画艺术气息浓郁,缓解了墙面的单调。
②沙发与墙面的同色调搭配,视觉效果极度舒适,再配上不同色彩的抱枕,整体色感和谐且富有层次。
③茶几上随意摆放的花束、书籍、茶具,展现出现代生活的品质。